세계동물환경회의
지구가 큰일났어요!

Animal Conference For Environment

Copyright © 2002 by Ichiro Tsutsui & Kimiko Tsutsui All rights reserved
Original Japanese edition published by nurue Inc.
Korean translation rights arranged with nurue Inc.
through COREA Literary Agency, Seoul
Korean translation rights © 2003 Daniel's Stone Publishing Co.

이 책의 한국어 판 저작권은 코리아 에이전시를 통한
nurue Inc. 과의 독점계약으로 뜨인돌출판사에게 있습니다.
한국 내에서 보호를 받는 저작물이므로 무단전재와 무단복제를 금합니다.

세계동물환경회의 - 지구가 큰일났어요!

지은이 이안 · 마리루 | 그린이 앤듀 | 옮긴이 이충식
초판 1쇄 발행 2003년 11월 20일

펴낸이 고영은 | 기획총괄 박철준 | 사업총괄 조윤제
편집책임 정광진 | 편집장 인영아 | 기획편집팀 이경훈, 안소현
디자인팀 김미영 | 인터넷팀 안태환, 오상욱 | 마케팅책임 김완중 | 마케팅팀 이학수, 고은정
표지디자인 강전희 | 필름출력 경운출력 | 인쇄 예림 | 제책 바다
등록번호 제1997-32호 | 등록일자 1997년 3월 31일
주소 120-834 서울시 서대문구 창천동 68-67호 기린하우스 B동 501호
전화 (02)337-5252 · 팩스 (02)337-5868
뜨인돌 홈페이지 www.ddstone.com | 노빈손 홈페이지 www.nobinson.com
책값은 뒤표지에 있습니다. | 89-86183-98-6 77810

♠ 이 책 수익금의 일부는 환경재단의 기금으로 쓰입니다.

세계동물환경회의

지구가 큰일 났어요!

이안·마리루 지음 | 앤듀 그림 | 이충식 옮김

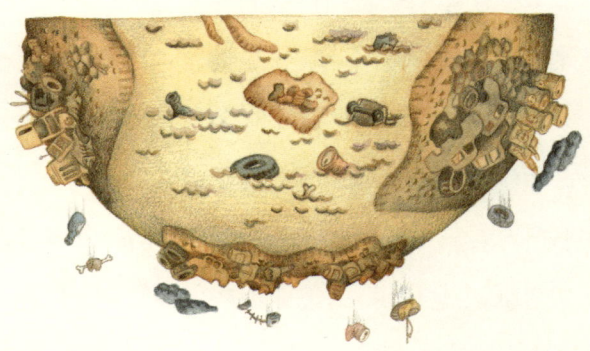

뜨인돌

이 책을 읽는 어린이들에게

자연의 소중함을 아는 친구 여러분, 안녕하세요.

저는 환경운동연합에서 일하고 있는 이충식 아저씨입니다. 아저씨가 왜 환경재단에서 일하게 되었는지 우리 친구들은 궁금하지 않으세요?

아저씨는 요즘도 어렸을 때 살았던 동네를 찾아가곤 하는데 지금도 변함없는 동네의 모습을 보며 그때의 추억을 떠올리곤 해요. 부모님과 함께 살았던 집도, 맘껏 공을 차며 뛰놀던 골목 길도 그대로예요. 초여름, 달콤한 낮잠을 방해하던 개구리의 울음소리, 머리 위로 멋들어지게 스쳐 올라가던 제비, 맑은 개울 가에서 잡은 송사리, 한밤중에 식구들이 옹기종기 모여 올려다 본 밤하늘, 그리고 그 밤하늘을 수놓았던 별과 반딧불이.

변한 게 있다면 식구들과 같이 심은 라일락 나무가 어느덧 자라서 지붕보다 높이 솟아 커다란 그늘을 만들고 있다는 거죠.

그런데 이제 아저씨의 추억이 담긴 그 곳도 개발이라는 이름으로 변하게 된다고 합니다. 황금물결이 넘실대던 논은 아파트 단지가 들어서면 주차장으로 변하게 되겠죠? 또 먼지를 날리며 맘껏 뛰어놀던 산자락의 공터와, 사람과 동물이 다니던 계곡 오솔길은 아스팔트로 뒤덮여 자동차로 붐비고…. 그 곳에서 살게 될 어린이들은 더 이상 아저씨가 뛰놀던 숲과 계곡에 대한 추억을 가질 수 없게 되겠죠.

그런 생각을 하다보니 문득, 우리 친구들에게 아저씨가 누렸던 밤하늘과 산과 강을 되돌려줘야겠다는 결심을 하게 되었고 지금 이렇게 환경재단에서 일하게 되었답니다. 그런데 아저씨 말고도 자연 환경을 지키고 싶어 하는 친구들이 또 있네요? 바로 세계를 대표하는 동물 친구들 말입니다. 동물 친구들이 지구의 환경을 위해 노력하는 모습에서 우리 친구들도 아름다운 자연을 위해 무엇을 할 수 있는지 생각해 보는 시간이 되길 바랍니다.

자연을 사랑하는 아저씨로부터

환경 사랑은 작은 것에서부터…

환경을 사랑하고, 아끼는 어린이 여러분.

인류의 역사는 얼마나 되었을까요? 지구의 역사 약 46억 년에서, 오늘날의 인간과 비슷한 인류가 등장한 시기는 대체로 1만 년 전쯤이라고 합니다.

그러나 인류는 46억 년 동안 지구가 만들어 온 자연환경을 빠르게 황폐화시키고 있습니다. 사람의 이익만을 위해 산에 댐을 짓고, 인간보다 오래 산 나무를 베어내고 있습니다. 인간의 편리함만을 위해 자연환경을 이용하려 하고 있습니다.

나 자신을 위해, 후손들을 위해, 지구를 위해, 지금 여러분이 있는 자리에서부터 작은 실천으로 환경을 사랑할 수는 없을까요? 학용품을 아껴 쓰고, 휴지를 아무 데나 버리지 않고, 음식물을 남기지 않는 등등, 생활 속에서 여러분들이 이런 일을 실천하는 것이 바로 환경을 지키는 일입니다.

환경 사랑은 어른들만 할 수 있는 어려운 것이 아닙니다. 이 책을 통해서 우리 친구들이 환경의 소중함을 깨닫고, 자연을 사랑하는 방법을 알게 되면 좋겠습니다.

환경운동연합 공동대표 최 열

미래의 환경은 여러분 손에….

  환경오염은 우리의 생활 속에서 날마다 접하는 21세기의 가장 중요한 문제입니다. 우리가 편리함을 추구하는 대가로 많은 환경문제가 발생한다는 점에서, 어렸을 때부터 생활 속에서 관찰할 수 있는 환경문제에 대해 생각해 보는 것보다 더 좋은 환경 교육은 없습니다. 그런 의미에서 이 책은 어린이들에게 생활 속에서 환경 보호를 실천할 수 있는 방법과 자연의 소중함을 쉽고 재미있게 전달하고 있어, 좋은 책입니다.

  나라를 대표하는 동물들이 독일에 모여듭니다. 가끔은 오해로 인해 말다툼을 하기도 하고, 자기의 주장만을 고집하여 회의 분위기가 엉망이 될 때도 있지만, 환경문제를 어떻게 해결해 나가야 할지 토론하여, 마침내 모두가 공감하는 대응책을 내놓습니다. 이 책을 통해 어린이들은 일회용품을 사용해서는 안 되는 이유, 숲의 중요성, 대기 오염 등의 환경문제를 자연스레 경험하게 될 것입니다.

  끝으로 이 책을 읽은 어린이들이 어른이 되었을 때, 맑고 깨끗해져 있을 지구의 모습을 기대해 봅니다.

한국자원재생공사 사장 이치범

차례

첫 번째 이야기
너 때문이야! 27

두 번째 이야기
티끌모아 쓰레기 산(?) 55

세 번째 이야기
아이고 숨 막혀요! 83

우리들은 환경 파수꾼
환경을 지키는 발명품을 만들자 117

어떤 동물들이 참가했을까요?

속보입니다~ 속보!
한국 대표로 참석하기로 한
진돗개 백구는 태풍의 영향으로
다음 회의부터 참석한다는
소식입니다. 호호호! ^.^

인도에서 온
호랑이, 토라지

세계동물환경회의 대표인
독일의 고슴도치, 해리

미국에서 온
독수리, 왓시

아프리카에서 온
코끼리, 조우마마

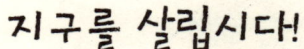
지구를 살립시다!

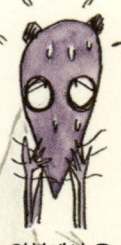
일본에서 온
너구리, 탓구

영국에서 온
토끼, 라비 박사

브라질에서 온
악어, 와니르

한국에서 온
진돗개, 백구

지금, 세계의 모든 나라가 '환경 파괴'라는 커다란 문제로 골치를 앓고 있습니다.

자연과 더불어 살아가는 동물들은, 날마다 들려오는 새로운 소식에 하루하루가 불안하기만 합니다.

"아, 글쎄! 건너 마을에 살던 곰돌이가 시냇물을 마시고는 그만 죽었다지 뭐야?"

"정말? 이젠 물도 마음 놓고 못 마시겠네!"

위기감을 느낀 동물들은 '이대로는 정말 안 되는데…' 하면서 쑤군쑤군댑니다.

"으~ 지구가 병들고 있어! 더 이상 인간들에게만 맡겨 둬서는 안 되겠어."

마침내, 독일에 사는 고슴도치 해리가 양팔을 걷어 올리고 지구 살리기에 나섰습니다.

"그래! 세계동물환경회의를 여는 거야."

해리는 곧바로 여러 나라의 동물들에게 '회의에 참석해 달라'는 내용의 이메일을 보냈습니다.

제일 먼저 도착한 동물은 미국에서 온 독수리, 왓시입니다.

굽힐 줄 모르는 자기 주장과 '목소리 큰 놈이 이긴다!' 라는 철학을 지닌 덕분에 미국 대표로 선정되어 왔다고 합니다.

마치 미국 대통령처럼 제트기를 통째로 빌려 타고 온 왓시는 스피드 광입니다.

그래서 일회용 문화의 나라, 대량 소비의 나라 미국에서 살게 된 것을 기쁘게 생각하고 있답니다.

회의에서 왠지 소동을 일으킬 것 같은 나쁜 예감이 드는군요.

두 번째로 도착한 동물은 호랑이, 토라지.

몇 달 전에 인도를 출발하여 걸어서 여러 나라를 여행하던 중에 연락을 받고 독일로 오게 되었다고 합니다.

달랑 작은 냄비 하나만을 허리에 찬 토라지는 어렸을 때부터 요가를 했다고 하네요.

그래서인지 토라지의 몸이 유연해 보입니다.

'자연과 함께 숨쉬고 생활하라!' 라는 말을 실천하는 토라지의 모습이 상당히 흥미롭네요.

일본에서는 너구리, 탓쿠가 왔군요.

비행기를 처음 타는 거라 가슴이 콩닥콩닥, 마치 값비싼 보물이라도 든 것처럼 소중하게 보따리를 안은 탓쿠는 처음 참석하는 국제회의 생각에 머리가 어찔한가 봅니다.

조그만 눈이 휘둥그렇게 커진 걸 보니 말이죠.

그런데, 탓쿠의 보자기 속에는 도대체 무엇이 들어 있을까요?

아, 저기 브라질에서 온 악어, 와니르의 모습이 보이는군요.
배 위에서 여유롭게 바다를 감상하던 와니르!
반갑게 손을 흔들며 인사를 하다 탓쿠를 본 순간, 갑자기 씩씩거리며 무서운 눈빛으로 쏘아봅니다.

탓쿠에게 무슨 원한이라도 있는 것일까요? 이번 회의가 제대로 진행될지 불안해지는군요.

한가롭게 따사로이 햇볕을 쬐고 있는 동물은 영국에서 온 토끼, 라비 박사입니다. 라비 박사는 기차를 타고 도버해협을 건너 이곳에 왔다고 합니다.

말 그대로 '산 넘고 물 건너 바다 건너서…' 말이죠.

박사답게 가슴에는 최신형 노트북을 안고 있네요. 그런데 노트북은 왜 가져온 것일까요? 회의 중에 게임을 하려는 건 아닐 테고….

 마지막으로 도착한 동물은 코끼리, 조우마마.
 아프리카 케냐에서부터 배와 트럭을 번갈아 타고 온 조우마마는 오랜 여행에 배가 고팠던지, 먹고 버린 바나나 껍질이 트럭 하나 가득입니다.
 텔레비전에서 봤던 모습보다 훨씬 큰 조우마마의 덩치에 모여 있던 동물들의 눈이 자두만큼이나 커졌습니다.

"모두들 먼 곳에서 오느라 힘들었지? 자 자, 이리로 와서 좀 쉬어."
이번 회의에 진행을 맡은 해리가 동물들을 맞이합니다.

해리는 처음 만나는 동물들이 서로 어색하지 않도록 자기 소개를 시키고, '쿵쿵따'와 같은 게임도 진행하였습니다.
환경 선진국인 독일의 대표가 된 것이 무척 자랑스러운 해리. 이번 회의를 위해 환경 문제에 대해 열심히 공부를 했다고 하던데 한번 그 실력을 지켜보도록 하죠.

아~, 방금 회의가 시작되었군요.
세계동물환경회의!
어떤 이야기들이 오고갈지 살짝 엿보기로 할까요?

첫 번째 이야기
너 때문이야!

"자, 그럼 지금부터 세계 최초의 동물환경회의를 시작하겠습니다! 이번 회의를 소집하게 된 이유는, 우리들이 살고 있는 이 지구의 건강 상태가 너무 나빠져 위험한 상황에 처했기 때문입니다."

사회를 맡은 해리는 오늘을 위해 3일 전부터 연습해 온 인사말로 회의의 시작을 알렸습니다.

해리는 회의에 참석한 동물들이 멋들어지게 말을 하는 자기를 우러러보고 있을 거라는 생각에 가슴이 뿌듯합니다.

그런데….

"어휴~ 배고파, 햄버거가 식기 전에 한 입 먹어 볼까?"

어디서 났는지 왓시가 패스트푸드 가게의 봉투에서 먹음직스런 햄버거를 꺼냈습니다. 그리고는 흡족한 웃음을 지은 후, 그 커다란 입을 '쩌~억' 벌렸습니다.

무례, 거만, 오만방자한 왓시의 갑작스런 행동에 당황한 해리, "이, 이봐 왓시! 지금 막 회의를 시작했는데…" 하면서 왓시의 햄버거를 빼앗으려 합니다.

그 순간 둘의 모습을 지켜보던 토라지가, "아니, 배가 고프면 회의 진행이 안 될 거 같아. '금강산도 식후경'이라고, 어디 나도 카레를 먹어 볼까?" 하면서 가져온 카레를 냄비에 담아 모닥불 위에 올려놓는 것이 아니겠어요?

　시작부터 무시를 당한 해리. 울상이 되어 주위를 둘러보니 다른 동물들도 식사를 하느라 정신이 없습니다.

　와니르는 생선을 와작와작, 조우마마는 바나나를 꿀꺽꿀꺽, 라비 박사는 홍차를 홀짝홀짝, 비스킷을 사각사각 먹고 있습니다. 도저히 회의를 진행할 수 있는 분위기가 아니네요.

　화가 난 해리의 얼굴이 벌겋게 달아올랐지만 "화를 내 봐야 나만 손해지. 나도 밥이나 먹어야겠다" 하며 보온병에 넣어 온 차를 마신 후, 이내 호밀 빵을 우걱우걱 먹기 시작합니다.

그때까지 아무 말 없이 지켜보던 탓쿠.

"어디 그럼 나도 슬슬 식사를 해볼까?" 하며 보자기에서 나무 도시락과 녹차가 든 캔을 느릿느릿 꺼냅니다. 무슨 대단한 보물이라도 든 줄 알았는데….

이윽고 도시락 뚜껑을 연 탓쿠. 와~ 맛있는 생선초밥이군요. 회의에 참석한 동물들도 생선초밥을 처음 봤는지 탓쿠의 주변에 모여들어 신기한 듯 바라보고 있습니다.

"우와, 이게 뭐야?" 바나나만 먹던 조우마마가 호기심에 찬 눈으로 물어봅니다.

"이건 일본에서 주로 먹는 '생선초밥' 이라는 거야." 왓시가 탓쿠에게 윙크를 하더니 으쓱대며 말을 합니다.

"와, 잘 아네? 그럼 나 이제 식사해도 되지?" 하면서 탓쿠는 나무젓가락을 꺼내어 '탁!' 하고 가른 다음, 초밥을 하나 들어 입에 넣었습니다. '와~ 입에서 살살 녹는 이 맛!'

그 순간!

조금 전부터 탓쿠의 행동을 지켜보던 와니르가 "잠깐, 그건 한 번만 쓰고 버리는 일회용이잖아!" 하면서 모두 잘 보란 듯이 나무젓가락을 가리켰습니다.

33

"어, 한 번 쓰고 버리는 거야, 그게 뭐 어때서?"

탓쿠는 아무렇지도 않다는 듯이 오히려 젓가락질을 크게 해 보였습니다.

"뭐라고, 한 번만 쓰고 버린다고?"

조우마마가 몸집에 안 맞게 엄청 오버하며 호들갑스럽게 놀랍니다.

"그게 정말이니, 탓쿠? 그렇다면 너는 아깝다고 생각해 본 적이 없어?"

곁에 있던 해리도 놀란 듯이 날카로운 질문을 탓쿠에게 던졌습니다.

"흠~, 나무로 만든 것을 딱 한 번 쓰고 버린단 말이지?"

토라지가 걱정스러운 듯, 턱수염을 살살 쓸어 내리며,

"그건 좀 낭비라고 생각해. 내가 사는 인도에서는 손을 사용해 카레를 먹는데 말이야."

순간, 탓쿠의 얼굴이 딸기처럼 새빨개졌습니다.

왜냐하면 탓쿠는 한 번도 나무젓가락을 낭비라고 생각해 본 적이 없었기 때문입니다. 그도 그럴 만한 것이 일본에서는 일회용을 쓰는 것이 무척 자연스러운 일이니까요.

"아, 그 그러니까 내 말은…. 나무젓가락을 일회용으로 사용하는 건, 도시락을 먹을 때나 식당에서 쓸 때 그렇다는 거지. 나, 나도 집에서 먹을 때는 여러 번 닦아서…."

더듬거리는 탓쿠의 이마에 땀방울이 송글송글 맺혔습니다.

"뭣이라고? 그럼, 식당에서도 일회용 나무젓가락을 사용한단 말이야?" 탓쿠의 말을 가만히 듣고 있던 와니르가 버럭 성을 내며 달려들자 동물들이 와니르를 말렸습니다.

"너희들이 함부로 쓰고 버리는 그 나무젓가락 때문에 내가 사는 정글이 대머리가 되어 가고 있단 말이야!"

사방으로 침을 튀기며 말하는 와니르,

"기껏 나무젓가락 때문에 브라질 정글의 나무를 다 베어가다니…. 도저히 용서할 수가 없어! 야, 이 너구리야! 우리 나무들을 어떻게 살려낼 거냐고!"

흥분한 목소리로 고래고래 소리를 질러댔습니다.

"이봐, 이봐, 이러는 거 아니야. 갑자기 나한테 화를 내면 …."

탓쿠도 계속되는 와니르의 공격적인 말투에 기분이 나빠졌는지 심통스럽게 말을 합니다.

그 순간, "에헴!" 하고 라비 박사가 점잔을 빼면서 크게 헛기침을 하였습니다.

"그동안 수집해 온 자료에 의하면, 에헴. 브라질의 정글이 빠르게 줄어드는 것이 지구 환경 변화에 가장 큰 원인인 것으로 분석되고 있습니다."

"저, 정말로? 어떻게 해서 그렇지?" 이번에도 조우마마가 큰 몸에 걸맞지 않게 놀란 척하며 물었죠.

"한 가지 예를 들어 설명해 드리지요, 에헴. 정글 숲의 나무를 베어 버리면 지구의 온도가 점점 올라가게 됩니다. 그렇게 되면 어떻게 될까요?"

"바닥이 뜨거워져요!" 조우마마가 자랑스럽게 대답했지만 따가운 눈총을 받습니다.

"에헴, 사막이 늘어나게 되겠지요. 또한 남극과 북극의 얼음도 녹아서 바다가 육지를 덮는 곳도 많아지겠지요?" 하고 말하며 라비 박사가 동물들을 둘러보았습니다.

"한 가지 더 놀라운 사실을 말씀드리자면, 에헴. 우리들이 이렇게 이야기하고 있는 지금 이 순간에도 1분에 축구장 50개 넓이의 숲이 사라지고 있다는 것입니다."

라비 박사가 마치 자기의 말이 옳다는 것을 증명하려는 듯이 노트북을 꺼내 화면을 클릭하자 커다란 그림이 나왔습니다.

"으악!" 너무나도 충격적인 사실에 동물들은 모두 벌러덩 나자빠졌습니다.

와니르가 벌떡 일어나 탓쿠에게 달려들어 목을 부여잡고 "이 못된 너구리 녀석아! 어떡할 거야, 어떻게 책임질 거냐고? 어서, 우리 정글을 돌려 달란 말이야!" 하며 흔들어 댑니다.

조우마마가 기다란 코를 흔들거리며, 역시 호들갑스럽게 "어머, 어머 어쩜 좋아. 나무젓가락 때문에 숲이 사라지게 되었으니…" 하며 큰 소리로 떠들었습니다.

순간, 동물들의 싸늘한 시선이 일제히 탓쿠에게 향하였습니다.

"자, 잠깐만! 내 말 좀 들어 보라고…. 일본에서 일회용 나무 젓가락을 쓰는 것도 사실이고, 또 굉장히 많은 양일지도 모르지만…." 어떻게 해서든지 위기에서 벗어나려는 듯, 탓쿠는 이마에 흐르는 땀을 닦으며 더듬더듬 말했습니다.

"하, 하지만, 미국에서도 일회용 종이컵과 햄버거 포장지를 많이 쓰잖아! 가만, 그러고 보니 모두 나무로 만드는 것들뿐이잖아?" 하며 힐끔 왓시의 눈치를 살피는 탓쿠.

"그야 당연하지. 미국과 일본은 일회용품 문화의 선진국이니까!" 왓시는 아무렇지도 않다는 듯이 오히려 당당하게 말했습니다.

"요즘 세상에 햄버거나 콜라를 먹지 않는 나라가 있을까? 세계 어딜 다녀 봐도 패스트푸드 음식점은 다 있잖아. 왜, 내 말이 틀려?" 하면서 뻔뻔스럽게 콜라를 쭈욱~ 들이켰습니다.

전혀 동요의 기색이 없는 왓시의 말에 힘을 얻은 탓쿠, 갑자기 열을 올리면서 "거 봐, 왓시 말 들었지? 너희 나라에서도 종이를 쓰잖아. 그러니까 나무젓가락 때문에만 나무가 베어지고 있다는 건 억지라고!" 하면서 반론을 펼쳤습니다.

"뭐라고? 브라질에서는 모두들 일본 때문에 숲이 줄어든다고 걱정한단 말이야! 실제로도 일본의 회사들이 나무를 잔뜩 베어 가고 있다고!" 탓쿠의 말에 화가 난 와니르가 탓쿠를 쓰러뜨릴 기세로 덤벼듭니다.

"그렇게 너무 딱딱하게 굴지 말라고. 숲의 나무가 줄어들면 또 그만큼 심으면 되잖아." 왓시가 따분하다는 표정으로 하품을 하며 말했습니다.

"왓시, 너는 어쩌면 그렇게 강 건너 불 보듯 하냐? 지금 전 세계의 정글은 아무리 나무를 심어도 잘려나가는 나무의 수를 따라잡을 수 없을 만큼 빠른 속도로 줄어들고 있단 말이야!" 왓시의 태도를 못마땅하게 여기던 해리가 화를 냅니다.

43

44

"맞아! 나무가 줄어드니까 비가 내리면, 금세 커다란 홍수로 변해 집이 떠내려가고 친구들도 물살에 휩쓸려 떠내려간단 말이야." 흥분한 와니르가 꼬리로 바닥을 탁탁 치며 소리쳤습니다.

"그뿐만이 아닙니다. 숲의 영양분을 듬뿍 머금고 있는 땅의 흙도 쓸려 내려갑니다. 그래서 흙이 다시 생기기까지 수십 년, 그 자리에 새로운 나무가 심어져 다 자라기까지 또 수십 년이 걸리게 됩니다. 한번 파괴되어 버린 자연을 원래의 상태로 되돌리는 것은 정말로 긴 세월이 필요한 일이죠. 에헴!"

라비 박사가 심각한 표정을 지으며 말했습니다.

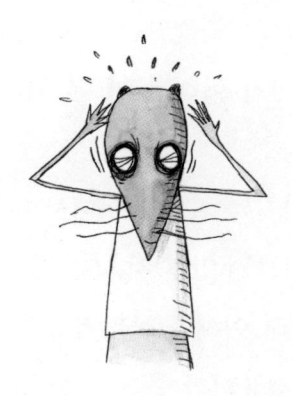

"야, 이 너구리야! 우리 정글을 어떻게 할 거냐고?"

당황한 탓쿠가 어찌할 바를 몰라 안절부절못합니다.

"에헴. 와니르 씨, 그만 진정하세요." 라비 박사가 흥분한 와니르를 진정시키려고 하였습니다.

"진정하고, 이 그래프를 봐주십시오." 요술 상자처럼, 라비 박사의 노트북에 여러 가지 그래프가 나타났습니다.

"그래프에 의하면 브라질 정글에서 잘려나간 대부분의 나무가 연료로 쓰이고 있는 것으로 나타나고 있어요."

"정말이네? 일본으로 수출되는 나무의 비율은 아주 작은 부분이잖아?" 조우마마가 이해가 안 된다는 듯 고개를 갸우뚱거리며 말했습니다.

"그럼…. 나무젓가락의 원료는 어디서 나는 거야?"

"그걸 나한테 물어보면 안 되지."

탓쿠는 양팔을 벌려 어깨를 들썩거렸습니다. 라비 박사가 자신만만한 표정으로 컴퓨터의 화면을 클릭했습니다.

"나무젓가락은 간벌재*로 만들어지고 있습니다. 흠~, 일본에서는 1년 동안 한 사람이 약 200여 개의 나무젓가락을 사용하는 걸로 나타나고 있는데, 상당히 많은 양이라고 볼 수 있겠죠? 에헴!" 라비 박사의 얼굴이 잔뜩 찌푸려졌습니다.

*주요한 나무를 잘 자라게 하기 위해 나무 사이에 적당한 거리를 두고 심은 나무

이 나무가 간벌재야.

"휴~." 토라지가 깊은 한숨을 내쉬었습니다.

"아무리 생각해 봐도 나무젓가락은 낭비인 거 같아."

"도대체 나보고 어떡하라는 거야? 그럼 도시락 먹을 때 젓가락을 쓰지 말라는 거야? 이건 일본의 관습이라고!"

왜 자신만 비난을 받아야 하는지…. 탓쿠는 억울하여 눈물까지 글썽거립니다.

47

"씻어서 다시 쓰면 되지 않을까?" 토라지가 말했습니다.

"말도 안 돼! 그건 귀찮잖아!"

왓시의 대답에 화가 머리끝까지 오른 와니르가 "뭐라고, 귀찮다고?" 하며 이번에는 왓시를 날카롭게 쏘아보았습니다.

"자, 잠깐만…. 회의장에서 싸우면 안 되잖아." 회의의 진행자 답게 해리가 끼어들어 싸움을 말렸습니다.

"그러니까…. 탓쿠는 나무젓가락을 쓰는 것이 당연하다고 생각하는 거잖아. 반대로 일회용품을 사용하지 않는 토라지나 조우마마는 그것이 낭비라고 생각하는 거고. 맞지?"

해리의 말에 동물들은 모두 고개를 끄덕입니다.

"또 와니르는 와니르대로 고향의 정글이 없어지는 원인이 전부 탓쿠 때문이라고 오해했던 거고…." 그러자 탓쿠가 고개를 아까보다 더 크게 끄덕입니다.

"암튼, 서로 오해였다는 걸 안 것만으로도 이렇게 한 자리에 모여 회의를 한 의미가 있다고 생각하는데…." 동물들 모두 해리의 말이 맞는지 고개를 끄덕입니다.

"그런데, 왓시! 넌 한 번 쓰고 버리는 습관을 바꾸는 것이 귀찮다고?" 해리가 왓시를 향해 톡 쏘아붙이듯이 말했습니다.

"어! 생각해 봐. 일회용 컵이나 접시가 얼마나 좋아. 씻지 않아도 되지, 가볍고 편리하지. 이렇게 좋은 걸 어떻게 안 쓸 수가 있겠어?" 하면서 왓시가 하얀 이를 드러내며 거만한 웃음을 지었습니다.

"왓시의 말에도 일리가 있어. 하지만 나무젓가락이나 일회용 종이컵, 접시 같은 것들은 지구상에 있는 나무를 잘라 만든 거잖아. 라비 박사의 말대로 나무젓가락, 종이, 땔감이나 화전* 때문에 파괴된 정글은 다시 되돌릴 수 없을 정도로 심각한 상황이라고…. 우리들의 미래를 위해서라도 더 이상의 숲이 파괴되는 걸 막아야 하지 않겠어?"

해리가 동물들을 둘러보았습니다.

그런데, 이게 웬 일?

"하~암. 아이 참 왜 이렇게 졸린 거야." 왓시가 크게 하품을 하는 게 아니겠습니까?

*산이나 들에 불을 지른 다음 그 땅을 일구어 농사를 지을 수 있게 만든 밭

조우마마도 밀려오는 졸음을 참으려고 눈에 힘을 주었지만 커다란 눈에 쌍꺼풀이 져 더 커다래졌습니다. 저런 충혈까지….

토라지는 아예 드르렁 드르렁 코를 곱니다. 사실 모두 너무나 졸려서 참을 수가 없었던 것이죠.

"하긴…. 모두들 먼 길 여행에 피곤했겠지. 그럼, 오늘은 이쯤에서 마치고 잠을 자기로 할까? 뭐야, 벌써 잠들어 버렸잖아?"

말을 한 게 민망했던지 해리도 얼른 자기 몸을 밤송이처럼 둥글게 모아 잠을 청합니다.

새근새근…. 드르렁 쿨쿨…. 동물들의 잠 소리와 함께 숲의 밤은 깊어만 갔고, 어느새 하늘에는 별들이 하나둘 모여 환경회의를 합니다.

모두 무슨 말을 했지?

환경회의에 모인 동물들. 모든 참가자들이 어떤 이야기를 했을까요?

나무젓가락 때문에 내가 살고 있는 브라질의 정글이 대머리가 되었다고! 나무가 줄어들면 적은 비에도 금방 홍수로 변해서 집들이 떠내려가고 친구들도 떠내려간단 말이야. 우리 숲을 살려내란 말이야!

참, 딱딱하게 구네! 정글의 나무가 줄어든다고? 그럼 나무를 더 심으면 되잖아! 종이컵이나 접시는 씻지 않아도 되고, 편리한데다 가볍기까지 해서 도저히 안 쓸 수가 없단 말이야.

에헴, 제 자료에 의하면 축구장 50개 분량의 정글이 1분 안에 사라지고 있다는 것이죠. 정글의 나무가 줄어든 만큼 나무를 심는다고요? 그건 밑 빠진 항아리에 물 붓는 것보다 더 어려운 일입니다.

왓시 말대로 일회용 물품은 사용하기가 편리하지만 그것들은 지구상에 있는 어느 나라의 나무를 잘라서 만든 거잖아. 우리의 미래를 위해서라도 숲이 더 이상 파괴되는 걸 막아야 하지 않겠어?

라비 박사의 말처럼 나무젓가락 때문에만 나무가 베어지는 것이 아니잖아. 일본뿐만 아니라 전 세계에서도 종이를 많이 쓰고 있잖아. 그러니까 나한테만 뭐라고 몰아 부치지 말란 말이야. 도시락을 먹기 위해 나무젓가락을 쓰는 건 일본의 관습이라고!

나무젓가락을 한 번만 쓰고 버리다니…. 최근 아프리카에서도 숲이 줄어들고, 사막이 늘어나기 시작했다는데…. 그게 다 나무젓가락을 사용하는 일본 때문이었구나!

난, 도무지 믿어지지가 않아. 나무로 만든 도구를 어떻게 딱 한 번만 쓰고 버릴 수가 있지? 정말 낭비야, 낭비! 우리 인도에서는 손만 가지고서 카레를 먹는데…. 나무젓가락을 씻어서 여러 번 쓰면 안 되나?

여러분들은 어느 동물의 말이 옳다고 생각되세요?

두 번째 이야기
티끌 모아 쓰레기 산(?)

숲에 아침이 찾아왔습니다. 오늘따라 유난히 따사로운 아침 햇살. 동물들도 달콤한 잠으로 피곤함이 풀렸는지 한바탕 늘어지게 기지개를 폅니다.

잠에서 깨어난 동물들은 저마다의 방법으로 아침을 맞이하느라 바빠지기 시작합니다. 코끼리 조우마마는 시냇가에서 긴 코를 이용해 샤워를 하고 있고…. 우와~! 호랑이 토라지는 '앉아서 목 뒤로 다리 올리기'를 한 채 명상을 하고 있습니다. 라비 박사가 나뭇가지로 열심히 무엇인가를 긁어내고 있는데, 도대체 뭐죠? 아하! 크게 벌린 와니르의 입안에 있는 이빨 사이에서 음식물들을 제거하고 있군요.

"아니, 아직도 자고 있는 친구들이 있네? 이봐, 탓쿠, 왓시! 어서 일어나. 회의해야 할 시간이라고!" 고슴도치 해리가 잠에서 덜 깬 탓쿠와 왓시를 다그칩니다.

"어머, 웬일이니, 웬일이니…" 조우마마가 탓쿠와 왓시 주변에 흩어져 있는 쓰레기를 보자 호들갑스럽게 떠들어 댑니다.

어제 왓시가 먹은 햄버거를 쌌던 포장지하며 빈 알루미늄 캔, 그리고 탓쿠의 과자 상자가 어지럽게 흐트러져 있으니 그럴 만도 하죠.

"아함, 졸려. 아침부터 왜들 난리야!" 잠에서 덜 깬 왓시가 길게 하품을 하며 귀찮다는 듯이 말합니다.

"이걸 보라고! 이런 알루미늄 캔은 한 번 마시고 나면 버리는 거잖아. 왓시 너는 정말 자원 낭비라고 생각하지 않는 거야?"

자연의 소중함보다는 편리함만을 생각하는 탓쿠와 왓시의 태도에 해리는 너무나도 화가 났습니다.

"에헴" 아까부터 무엇인가를 열심히 찾고 있던 라비 박사가 말참견을 하였습니다.

"일본에서는 1년 동안 한 사람이 약 70여 개의 캔 음료를 마시는 걸로 나타나고 있군요."

"어디, 미국 쪽을 살펴볼까요? 아니, 이럴 수가!" 자료를 검색하던 라비 박사가 화들짝 놀라자, 동물들의 시선이 라비 박사 입으로 모아졌고 긴장감마저 감돌았습니다.

"미국에서는 무려 140여 개의 캔을 소비하고 있군요. 정말 대단하지 않습니까? 과연 일회용 문화의 나라답습니다."

말이 끝나기 무섭게 라비 박사를 노려보는 왓시.

"거 참, 투덜투덜 꽤 말 많네! 알루미늄 캔은 재활용하면 되잖아, 재활용!" 비꼬는 듯한 라비 박사의 말에 왓시가 불쾌해진 것 같습니다.

재활용

"맞다, 재활용의 방법이 있었지? 왜 그런 좋은 생각이 안 떠올랐을까, 바보처럼!"

다소 풀이 죽어 있던 탓쿠가 왓시의 말에 힘을 얻었습니다.

"우리에겐 재활용이라는 방법이 있어! 이 방법을 이용하면 쓰레기를 새롭게 활용할 수 있지."

어느새 탓쿠의 가슴에는 '재활용' 이라는 멋진 단어를 생각해 낸 왓시에 대한 존경심까지 생겨났습니다.

"재활용이라…" 동물들에게서 한숨이 나왔습니다. 반면에 탓쿠는 다소 의기양양해집니다.

그 순간,

"탓쿠 씨, 지금 재활용이라고 하셨습니까?" 라비 박사가 의미심장한 질문을 탓쿠에게 던집니다.

"알루미늄을 재활용하는 데 얼마나 많은 전력이 사용되는지 알고 있습니까?" 계속되는 질문에 당황스러워하는 탓쿠.

"알루미늄 캔 하나를 재활용하는 데 들어간 전력으로, 텔레비전을 무려 3시간이나 볼 수 있습니다." 탓쿠에게서 등을 돌리는 라비 박사.

"참고로 말씀드리면, 알루미늄 캔 하나를 만드는 데 필요한 전력으로는 세탁기를 보름이나 돌릴 수 있죠" 하며 카운터펀치를 날립니다.

"그래, 이거라고, 이거! 바로 전기를 만든답시고 우리 정글을 파괴하는 거라고…."

쉽게 흥분을 잘 하는 와니르, 또 열받았습니다.

"잘라 버려진 나무들은 화력발전소의 연료로 이용되고, 나무가 잘려 나가 버린 곳엔 수력발전소가 들어서는 거라고!"

도저히 화를 억누를 수 없는 와니르.

"역시, 정글이 없어지고 있는 건, 바로 너 탓쿠 때문이었어!"

"에헴, 한 가지 덧붙여 말씀드리면…. 알루미늄 캔 하나를 그냥 버릴 경우, 그건 자기가 마신 주스만큼 석유를 맨 땅에 버리는 거와 다를 바 없다는 것이지요, 에헴."

라비 박사의 환경 문제에 관한 말들은 계속되었고, 그때마다 와니르는 꼬리를 바닥에 '탁탁!' 치며 분노를 표현하였습니다.

어째 환경회의가 아니라 환경재판이 된 분위기네요.

뜻하지도 않게 피고석에 앉아 버린 것 같은 탓쿠.

한편으로는 부끄럽고 또 한편으로는 당황스러운 마음에 안절부절못하는 모습이 불쌍해 보입니다.

"저, 저, 정말 몰랐었단 말이야. 알루미늄 캔은 재활용할 수 있기 때문에 휴지통에 넣으면 괜찮을 거라 생각했는데…."

누군가 "어이!" 하고 놀래면 금방 터질 것 같은 울음 섞인 목소리로 중얼거렸습니다.

"정말, 엄청난 에너지 낭비네. 처음부터 알루미늄 캔을 만들지 않았더라면 좋았을 텐데…." 토라지가 천천히 눈을 감더니 "버리기 위한 그릇을 만들다니 정말 모를 일이야" 하며 턱수염을 쓰다듬습니다.

그때, 조우마마가 "맞아, 맞아! 병을 사용하면 좋잖아. 병은 회수해서 얼마든지 사용할 수 있는데…" 하며 훌륭한 아이디어를 내었습니다.

다른 동물들도 박수를 치며 '좋아라' 합니다.

"아니지, 아니지!" 왓시가 끼어들어 반론을 펼칩니다.

"조우마마, 너처럼 힘센 동물들은 병 우유, 병 주스 같은 걸 들고 다닐 수 있겠지. 하지만 힘 없는 작은 동물이나 나이 많은 동물들은 어떻게 하라고?"

음~ 생각해 보니 왓시의 말이 맞는 거 같네요.

"그, 그렇다니까. 알루미늄 캔이나 페트병은 가볍고, 또 병처럼 깨질 위험도 없으니까 안전하잖아."

왓시의 말에 또다시 힘을 얻은 탓쿠.

"그뿐만이 아니야. 알루미늄 캔 음료는 길을 가다가도 목이 마르면 자동판매기에서 사 마실 수 있으니까 정말 편하다고" 하며 녹차가 들어 있는 캔을 꺼내 뚜껑을 잡아당겼습니다.

해리도 목이 말랐던지 가지고 있던 물병에서 허브차를 따랐습니다.

"독일엔 캔 음료 자동판매기가 없지만 그것 때문에 곤란한 일은 없었어"라고 말하면서 맛있게 허브차를 마셨습니다.

"뭐, 자동판매기가 없다고? 그럼 갑자기 목이 마르면 어떻게 하지?" 탓쿠의 물음에 해리는 물통을 흔들어 보입니다.

"우리나라에서는 학생들이 물통을 가지고 다니는데, 그 속에 허브차나 얼음물을 넣지. 그러다 보니 자연스럽게 돈도 절약하게 되고, 쓰레기도 줄어들게 되었지."

"크크크."

어디선가 비웃는 소리가 들려왔습니다. 왓시였습니다.

"뭐, 물통? 그런 걸 무겁게 일일이 갖고 다닌단 말이야? 촌스러워 보이게…."

왓시의 불량스런 태도에 약이 오른 해리.

"그렇지 않아! 물통에 자기가 마시고 싶은 음료를 넣어 가지고 다니는 게 뭐가 어때서?" 하며 큰 소리로 대꾸하였습니다.

"와우, 해리 말대로 물통을 가지고 다니는 것이 자연을 지킬 수 있다고 생각하면 정말 즐거울 거 같아!"

조우마마가 긴 코를 흔들거리며 무척 '좋아라~' 합니다.

격려를 받은 해리도 기분이 들떠, 힘주어 말합니다.

"그렇다니까. 물통은 환경을 지키는 파수꾼의 필수품이라고!"

'자동판매기가 없다' 라는 해리의 말에 의아해하던 탓쿠. 알루미늄 캔 대신 물통을 들고 다니는 모습을 떠올려 보니, 갑자기 '나도 할 수 있어!' 라는 자신감이 불쑥 생겨났습니다.

"정말 그럴 거 같아. 물통을 갖고 다니면 쓰레기도 안 생기고…. 또 패션이라고 생각하면 멋있을 거 같기도 하고…."

탓쿠의 말에 싱글벙글 웃음꽃을 피우는 해리.

"사실 재활용되는 알루미늄 캔보다 버려지는 알루미늄 캔이 더 많은 게 지금의 상황이야. 또 라비 박사 말대로 재활용하는 데에는 돈과 에너지가 많이 들잖아?"

분위기에 쉽게 휩쓸리는 탓쿠가 금방이라도 물통을 사러 갈 것처럼 들떠서 "그럼 나도 오늘부터 물통을 가지고 다녀 볼까? 이제 곧 추워질 테니…. 따뜻한 옥수수 스프를 넣어 다녀야겠다"라고 말하였습니다.

변덕스러운 탓쿠를 째려보는 왓시.

"하지만 좀 구식이잖아. 그것보다는 좀 더 나은 방법을 생각해보면 어떨까? 예를 들면, 음~ 그렇지! 가지고 다니기 편하게 뚜껑이 달린 컵 같은 거 말이야."

"뚜껑이 달린 컵이라고?"

"그래. 패스트푸드점 같은 곳에 가서, 종이컵 대신에 예쁜 자기의 컵에 음료수를 받아서 마시면 좋잖아."

"와, 정말!"

"그러면 물통을 가지고 다니는 것보다 가볍고, 쓰레기도 생기지 않고…. 한 마디로 일석이조잖아?"

"역시 도시에서 살고 있는 왓시다운 아이디어네. 한 가지 덧붙인다면 자기의 취향에 따라 용기를 디자인하면 더 좋을 거 같아" 하며 조우마마도 즐거워합니다.

"이름하여 포스트캔! 어때, 멋지지 않아? 아~ 정말이지, 난 천재인 거 같아!" 하며 우쭐해지는 왓시.

75

"흠~ 아무래도 자기 컵이니까, 더 애착도 생길 것 같고…. 자기가 좋아하는 컵으로 마시는 차니까 더 맛있겠지?" 하며 토라지도 고개를 끄덕였습니다.

"저, 저기, 나도 생각해 봤는데…." 탓쿠도 무엇인가 떠올랐는지 더듬더듬 말합니다.

"잼이 든 병도 다 먹고 나면 버리잖아?"

"그렇지."

"그 병 모양을 처음부터 윗부분과 아랫부분을 다른 병과 연결할 수 있게끔 만드는 거야. 그렇게 하면 식탁이나 책꽂이, 침대처럼 다양한 모양으로 만들어 사용할 수 있잖아. 이름하여 블록 보틀!"

"와, 그럼 쓰레기도 안 나오고…. 탓쿠도 대단한걸?"

77

동물들이 모두 포스트캔과 블록보틀이라는 새로운 아이디어에 만족해하는 것 같습니다.

기쁜 표정으로 해리가 "일회용 사용과 쓰레기를 줄이기 위한 방법을 고민한 결과, 정말 좋은 아이디어들이 나온 거 같아. 어때, 이 기회에 '발명으로 해결하는 쓰레기 문제!' 라는 캠페인을 한번 해보면?" 하고 의견을 내놓았습니다.

"와, 찬성, 찬성!"

만장일치로 박수가 터져 나왔습니다.

"자, 그럼. 모두들 주위에 있는 친구와 아는 동물들에게도 이 캠페인에 적극 동참하도록 권해 줘!"라고 해리가 말했습니다.

그때….

왓시가 아주 시원하게 기지개를 켠 후, "아~ 목마르다. 콜라 마실 친구 있어? 내가 아이디어 낸 기념으로 살게. 탓쿠, 이 근처에 자동판매기가 어디 있지?"

이 말을 들은 동물 친구들, 모두 기절할 뻔했습니다.
왓시, 정말 못 말리는 엽기 친구네요.

모두 무슨 말을 했지?

환경회의에 모인 동물들. 모든 참가자들이 어떤 이야기를 했을까요?

병을 사용하면 좋잖아. 병은 회수해서 얼마든지 사용할 수 있는데…. 그리고 물통을 가지고 다니는 것이 자연을 지킬 수 있다고 생각하면 정말 즐거울 거 같아!

독일엔 캔 음료 자동판매기가 없지만 그것 때문에 곤란한 일은 없었어. 학생들이 물통을 가지고 다니는데, 그 속에 허브차나 얼음물을 넣는 거야. 그러다 보니 자연스럽게 돈도 절약하게 되고, 쓰레기도 줄어들게 되었지. 물통은 환경을 지키는 파수꾼들의 필수품이라고!

하지만 좀 구식이잖아. 그것보다는 좀 더 나은 방법을 생각해 보면 어떨까? 예를 들면, 가지고 다니기 편하게 뚜껑이 달린 컵 같은 거 말이야. 그래서 패스트푸드점 같은 곳에 가서, 종이컵 대신에 예쁜 자기의 컵에 음료수를 받아서 마시면 좋잖아. 이름하여 포스트캔! 어때, 멋지지 않아? 아~ 정말이지, 난 천재인 거 같아!

알루미늄 캔처럼 버리기 위한 그릇을 만들다니 정말 모를 일이야. 하지만 포스트캔은 자기 컵이니까, 더 애착도 생길 것 같고…. 자기가 좋아하는 컵으로 마시는 차니까 더 맛있겠지?

일본에서는 1년 동안 한 사람이 약 70여 개의 캔 음료를, 미국에서는 무려 140여 개의 캔을 소비하고 있군요. 정말 대단하지 않습니까? 알루미늄 캔 하나를 재활용하는 데 들어간 전력으로, 텔레비전을 무려 3시간이나 볼 수 있습니다. 알루미늄 캔 하나를 만드는 데 필요한 전력으로는 세탁기를 보름이나 돌릴 수 있죠.

바로 이 전기를 만든답시고 우리 정글을 파괴하는 거라고…. 잘라 버려진 나무들은 화력발전소의 연료로, 나무가 잘려나가 버린 곳은 수력발전소가 되는 거라고! 역시, 정글이 없어지고 있는 건, 바로 너 탓쿠 때문이었어!

병 모양을 처음부터 윗부분과 아랫부분을 다른 병과 연결할 수 있게끔 만드는 거야. 그렇게 하면 식탁이나 책꽂이, 침대처럼 다양한 모양으로 만들어 사용할 수 있잖아. 이름하여 블록보틀!

동물들에게는 이런 저런 아이디어가 있는 것 같습니다.
여러분은 어떤 아이디어를 가지고 있나요?

세 번째 이야기
아이고 숨 막혀요!

84

숲 속의 공기가 상쾌하게 느껴지는 오후.

행복한 점심 식사를 마친 동물들이 즐거운 마음으로 쓰레기를 정리하고 있습니다.

"여러분, 어느 정도 정리가 된 것 같으니 자리에 앉아 주세요. 바로 회의를 시작하겠습니다." 해리의 지시에 따라 바쁘게 움직이던 동물들이 하나둘씩 자리에 앉기 시작합니다.

오잉~, 그런데 한 사람! 아니 한 마리의 모습이 안 보이네요?

제일 먼저 눈치 챈 토라지.

"왓시가 없어! 정말로 캔 음료를 사러 갔나 보네?"

동물들은 왓시의 행동에 너무도 어이가 없어 서로 얼굴만 쳐다봅니다.

85

"도저히 용서할 수가 없어! 이 중요한 회의를 도대체 어떻게 생각하는 거야!"

해리는 화가 머리 끝까지 났고, 동물들은 '해리랑 왓시랑 싸우면 누가 이길까?' 한쪽에서 내기를 합니다.

어~ 저기, 왓시가 나타났네요. 빨간색 스포츠카를 타고 등장한 왓시. 와우, 정말 멋지네요! 한 손에는 콜라 캔까지 들고⋯. 아직 분위기를 눈치 채지 못했는지, 한껏 뽐을 냅니다.

"아, 아임 쏘리(미안해)." 유창하게 혀를 꼬며 말하는 왓시.

"콜라가 너무 마시고 싶어서 말이야. 모두 그런 눈으로 쳐다보진 말아 줘. 나도 자동판매기를 찾을 수가 없어서 콜라 사기가 힘들었다고. 그래도 회의에 늦을까 봐 이렇게 렌터카로 달려왔잖아. 하하하!" 하면서 거드름을 피웁니다.

이런 왓시의 태도에 오랜 수행을 해온 토라지도 더 이상 참을 수가 없었는지 버럭 소리칩니다.

"왓시, 너는 도대체 생각이 있는 동물이니? 그깟 콜라 하나 사러 자동차를 빌려 타고 갔다 왔다고! 그것도 저렇게 큰 차를?"

해리도 얼마나 화가 났는지 온몸의 가시가 뻣뻣이 서버렸습니다.

"이렇게 아름다운 숲을 자동차 배기가스로 오염시키다니, 용서할 수 없어. 걸어다니란 말이야. 발은 모양으로 달고 다녀?"

동물들의 비난에도 굴하지 않고, 번쩍번쩍 빛나는 자동차를 사랑스러운 듯 어루만지는 왓시.

"아이, 정말! 코드가 안 맞아서 같이 대화를 못 하겠네. 자동차를 타는 게 왜 나쁘다는 거야? 멋있잖아. 그리고 이렇게 비싼 차를 타야 여자애들도 따른다고!"

참을 만큼 참았다고 생각되었는지, 드디어 토라지가 커다란 목소리로 왓시를 훈계하기 시작합니다.

"이런 몹쓸 친구 같으니라고! 자동차의 배기가스 때문에 지구의 공기가 얼마나 탁해졌는지 알아?"

라비 박사가 기다렸다는 듯이 재빨리 그림을 펼쳤습니다.

"에헴, 여러분. 이 그래프를 봐주시기 바랍니다. 제가 가리키고 있는 이 그래프는 우리가 숨쉬는 공기 중에 얼마 만큼의 이산화탄소가 들어 있는지를 나타내는 것입니다. 엄청난 속도로 증가하고 있죠?"

"그게, 뭐 어쨌다고?"

왓시는 자기하고는 상관없다는 듯 물었습니다.

그러자 라비 박사는 '온실 효과'라는 글자가 적혀 있는 그림을 보여주었습니다.

"에헴, 배기가스에서 나오는 이산화탄소의 양이 많아져 지구의 온도가 조금씩 올라가고 있다는 것이죠."

"그러니까, 그게 도대체 나랑 무슨 상관이냐고?"
왓시가 일부러 크게 하품을 하면서 말합니다.

"왓시! 아직도 모르겠어? 이대로 지구의 온도가 계속해서 오르면, 사막이 늘어난단 말이야. 그럼 식물이 말라 죽게 되고, 우리 모두도 굶어 죽게 된다고…."

조우마마가 불안함에 떨리는 목소리로 말했습니다.

"맞습니다. 사막도 늘어나지만…. 더 무서운 것은 북극이나 남극의 얼음들이 모두 녹아 육지가 바다에 잠기는 사태가 일어난다는 것입니다."

라비 박사가 침을 튀기며 이야기하는 무서운 미래에 동물들은 불안해집니다. 왓시도 그제야 자동차를 타는 것이 왜 환경에 나쁜지 이해가 되었습니다. 미안한 마음에 고개를 숙인 채 애꿎은 자동차 열쇠만 돌립니다.

"하지만 왓시, 자동차를 타고 다니다 사고라도 나 봐. 그것만큼 무서운 건 없어." 쑥스러워하는 왓시에게 탓쿠가 부드럽게 말했습니다.

그러자 또 라비 박사가 끼어들었습니다.

"그렇습니다. 제가 조사한 바에 의하면 전 세계에서 1년 동안 약 90만 명이 교통사고로 죽었습니다. 대형 비행기의 추락 사고가 매일 10건씩 일어난 것이라고 할 수 있죠."

"아~ 끔찍해!" 동물들이 저마다 비명을 질렀습니다.

"그러니까, 공기를 더럽히고 무서운 사고를 일으키는 자동차를 만들지 못하게 하자고. 걸어다니면 건강에도 좋잖아!"

팔짱을 낀 채 말하는 토라지 의견에 "맞아, 맞아" 하며 조우마마가 맞장구를 쳐줍니다.

"자, 잠깐만! 너무 심한 거 아냐? 요즘 같은 세상에 자동차 없이 살라니, 말도 안 돼!"

탓쿠가 황당하다는 듯이 말합니다.

"탓쿠 말이 맞아. 바쁠 땐 자동차를 이용하는 게 당연하잖아. 그리고 내가 사는 미국은 땅이 워낙 넓어 걸어다니는 건 무리라고" 하면서 왓시도 입술을 삐쭉삐쭉거렸습니다.

아, 좋았던 회의 분위기가 갑자기 싸해졌네요.

"자, 자, 모두 진정하라고!"

지금이야말로 자신이 나설 차례라고 생각한 해리.

"탓쿠나 왓시는 자동차 없는 세상을 상상도 못 해 봤겠지? 하지만 시내 중심부에서는 자동차를 운전할 수 없는 도시도 있어. 프라이부르크라는 독일의 오래된 도시가 그렇지. 모든 건 습관이라고 생각해."

해리의 말에 놀란 탓쿠.

"우와, 정말? 자동차에 의존하지 않는 생활이라…. 무척 대단한 결심인 거 같아. 자동차 생산국인 독일에서 그런 일이 가능하다면, 일본에서도 한번…" 하고 말하려는 순간, 탓쿠의 말을 가로막는 왓시.

"프라이부르크는 작은 도시잖아! 그런 곳에서 자동차를 몰아내는 것 정도는 간단하겠지. 하지만 미국처럼 커다란 나라에서는 불가능하다고!"

그러자 라비 박사가 '세계 각 국가별 자동차 대수'라고 쓰인 그래프를 펼쳤습니다.

"에헴, 세계 인구의 20%밖에 되지 않는 선진국이 전 세계 자동차 수의 무려 90%나 차지하고 있습니다."

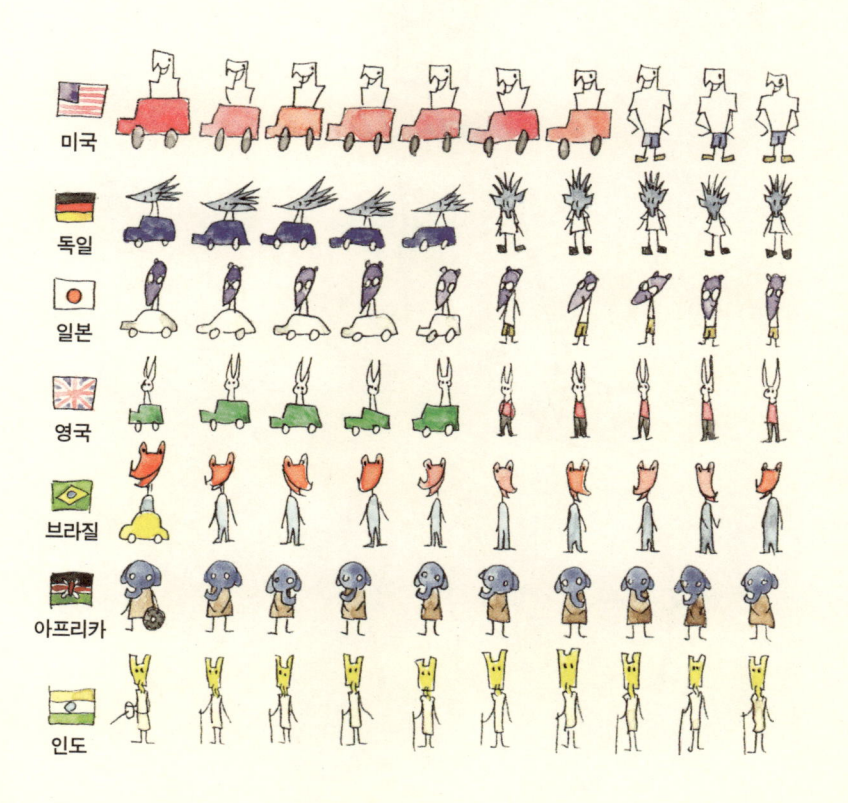

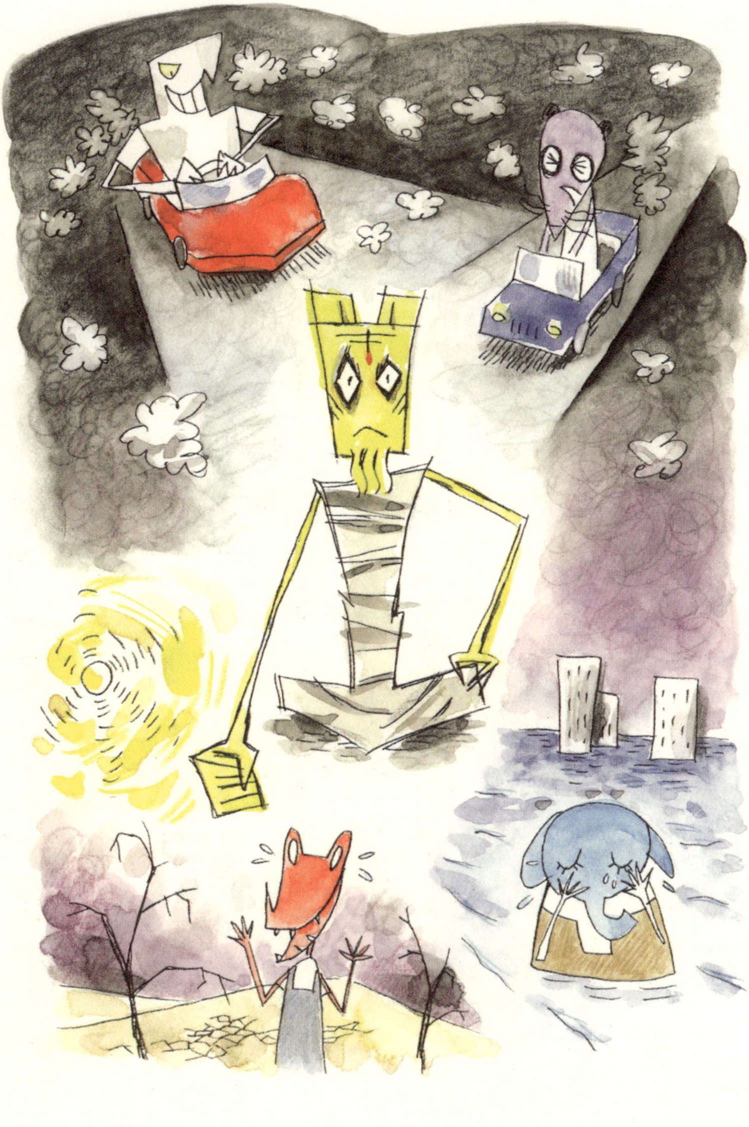

"이럴 순 없는 거야. 너희 선진국의 편리함 때문에 사막이 늘어나고, 바다에 잠기는 나라가 생기다니…. 어째서 너희가 저지른 일로 우리가 피해를 보아야 하는 거지, 응?" 하면서 토라지가 주먹으로 바닥을 힘차게 내리쳤습니다. 얼~, 정말 무섭습니다.

"맞아, 맞아! 피해를 보는 건 자동차를 타고 다니는 너희들이 아니라, 오히려 자동차를 타지 않는 우리들이라고!" 조우마마가 억울하다는 듯이 펄쩍펄쩍 뛰었습니다.

언제부터인지 동물들이 자동차를 둘러싸고 두 갈래로 나뉘어졌습니다.

해리가 토라지와 조우마마를 이해시키려고 나섰습니다.

"오늘부터 자동차를 타지 말라는 건 무리한 요구일 거야. 왜냐하면 자동차는 이미 없어선 안 될 필수품이 되어 버렸거든. 하지만 자동차를 타더라도 환경 파괴를 줄일 수 있는 방법을 찾거나 노력은 할 수 있다고 생각해."

"어떻게?" 조우마마가 믿어지지 않는다는 듯이 물었습니다.

"예를 들면, 연료가 조금 드는 자동차를 탄다든지, 태양열을 이용해 움직이는 자동차를 만든다든지…. 뭐 여러 방법이 있지 않을까?"

"맞아, 요즘에는 연료를 조금만 쓰고도 오래 달리는 작은 자동차가 많은 인기를 얻고 있어." 해리의 말에 찬성하는 탓쿠.

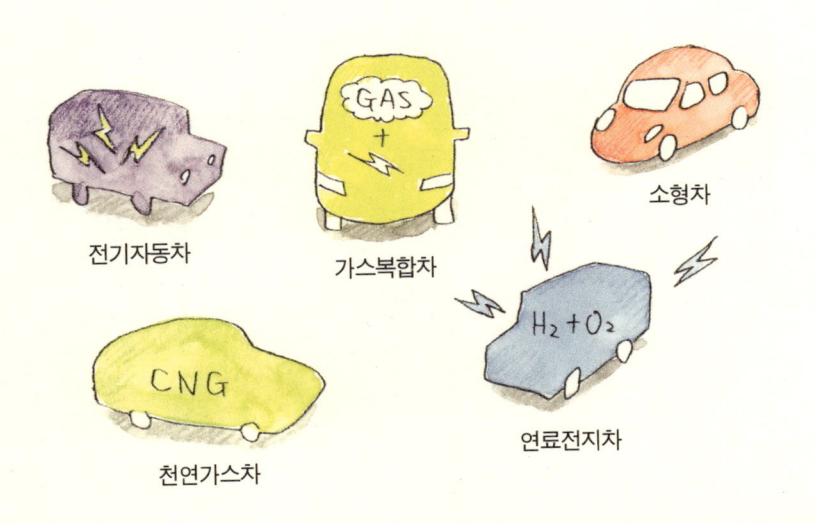

전기자동차

가스복합차

소형차

천연가스차

연료전지차

"좋은 현상이야. 4, 5명이 탈 수 있는 자동차를 운전하는 사람 혼자만 타고 있는 경우가 많잖아. 이건 굉장히 에너지를 낭비하는 거라고!"

고개를 끄덕이는 토라지의 모습에 탓쿠가 신이 났습니다.

"더군다나 요즘엔 전기와 가솔린만으로 움직이는 하이브리드 자동차가 환경에 좋다고 친구들이 그러더라고…. 환경을 생각한 자동차들이 많아지면, 배기가스의 양도 확 줄어들겠지?"

그런데….

"탓쿠! 만일 세계에 모든 친구들이 자동차를 탄다면 어떻게 될까?" 하고 코끼리 조우마마가 처음으로 날카로운 질문을 던졌습니다.

"맞아. 너희들만 편리함을 독점하겠다는 것은 안 될 말씀이지. 모두들 공평하게 나눠 가져야지. 암!" 하면서 와니르가 탓쿠를 째려봅니다. 오해도 풀렸으면서, 참 속 좁은 악어 같으니라고….

"에헴, 참고로 전체 인구의 80%를 차지하고 있는 후진국이 선진국처럼 자동차를 소유한다면 지구상에는 현재보다 약 80배나 많은 자동차가 넘쳐나게 되지요. 다시 말해서 배기가스가 적게 나오는 자동차를 개발한다고 해도, 자동차가 많아지면 문제가 해결되지 않는다는 거죠."

라비 박사가 찬물을 끼얹듯 말하였습니다.

"게다가 연료를 석유에 의존할 경우, 지금보다 무려 8배나 연료를 적게 사용하는 자동차가 필요하다는 이야기입니다."

조우마마가 기다란 코를 흔들흔들 거렸습니다.
"그런 자동차를 금방 만들 수 있나요? 그리고 그런 자동차는 모두 한 대씩 가지게 되나요?"
와니르도 자동차를 소유한다는 것에 의문이 들었습니다.
"맞아, 사실 무슨 일이 있을 때만 자동차를 이용하는 사람들도 많잖아?"

가끔씩 고개를 끄덕이던 해리가 "독일이나 스위스, 캐나다의 일부 도시에서는 자동차를 공동으로 이용하는 모임이 있다는 이야기를 들었어. 그 모임의 회원은 일정의 회비를 내고 필요할 때만 자동차를 이용하니까 배기가스도 줄이고, 자동차 유지비도 절약한다고 하더라고. 정말 합리적인 제도라고 생각하지 않아?" 하면서 미소 띤 얼굴로 동물들을 쳐다보았습니다.

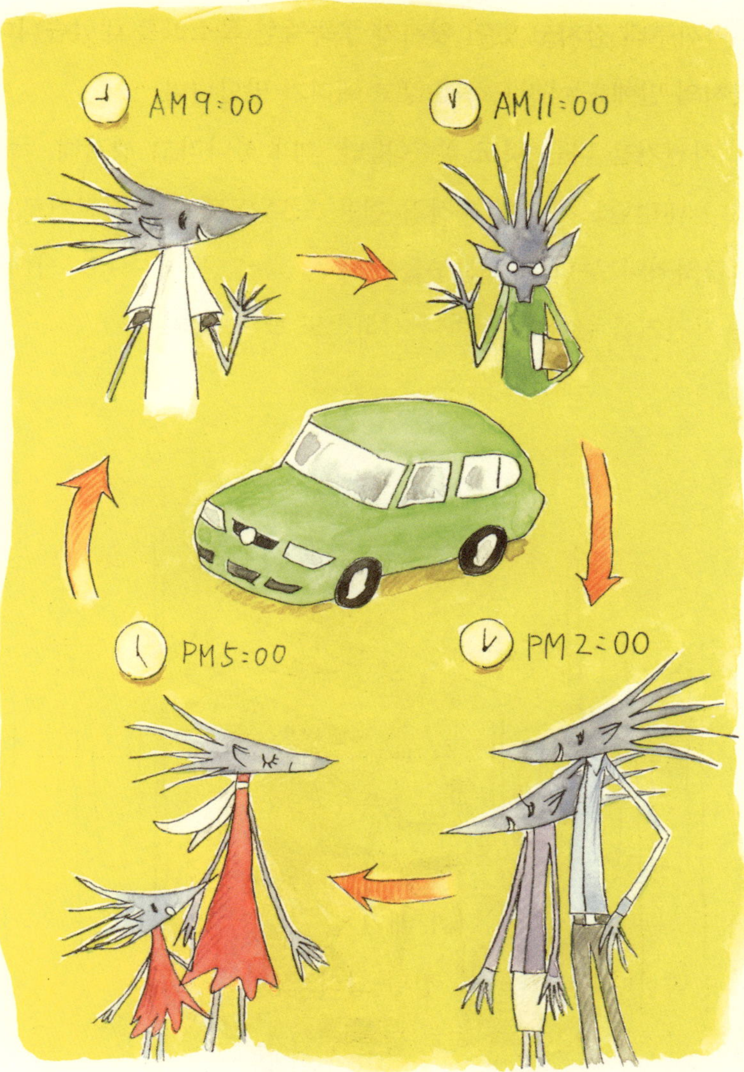
AM9:00
AM11:00
PM2:00
PM5:00

"그렇게 쉽게 '절약', '절약' 말하지 말라고!"

아까부터 잠자코 있던 왓시가 무뚝뚝한 목소리를 내었습니다. 왓시의 말에도 아랑곳하지 않고 해리가 말합니다.

"자전거를 타는 것도 좋은 방법 중의 하나라고 생각해. 독일이나 네덜란드에서는 자전거 전용 도로가 있어서 자전거로 출퇴근하거나 통학하는 친구들이 무척 많아. 특히 우리나라에서는 자전거를 탄 채로 전차나 지하철도 탈 수 있지."

탓쿠가 부러운 듯이 눈을 끔벅거립니다.

"와, 정말 좋겠다. 도쿄 같은 대도시에는 언제나 도로에 차가 많아서 어떤 때는 자전거가 더 빠를 때도 있어. 하지만 자전거 도로 같은 것이 없어서, 무척 위험해."

언제부터인지 동물들의 화제가 자전거로 바뀌었군요.

하지만 왓시는 시큰둥하게 부리로 자신의 날개에 있는 벌레를 쪼아대고 있습니다.

"어, 왓시. 왜 그래? 기운이 없어 보이는데?"

토라지가 말을 걸자 "나는 말이야…. 다른 동물들보다 10배나 더 많은 배기가스를 뿜으면서 다녔다고…. 그랬던 나보고 자전거를 타라니…. 난 정말 자동차가 좋은데 말이야" 하며 왓시가 어깨를 들썩거렸습니다.

"야, 왓시! 이제까지 이야기 잘 듣고서는 뚱딴지처럼 큰 자동차가 뭐냐고! 배기가스를 줄이지 않으면 지구의 공기가 엉망진창이 된다고 했잖아!"

화가 나 숨을 헐떡거리고 있는 와니르를 해리가 달랩니다.

"자, 진정하고 와니르. 그렇게 왓시를 몰아세우지는 마. 그리고 왓시, 왓시도 배기가스를 줄이기 위해 할 수 있는 것은 해야 하지 않겠어?"

토라지도 왓시의 어깨 위에 손을 올리며 말합니다.

"그래, 처음엔 자신이 할 수 있는 것부터 시작하는 거야. 왓시도 가끔은 자전거를 타고 산책을 해봐. 기분이 얼마나 좋은데…."

"맞아, 왓시. 가끔은 여유 있게 천천히 걷거나, 자전거를 타보자고."

탓쿠도 왓시의 얼굴을 쳐다보며 말했습니다.

그런데…. 고개를 숙이고 있던 왓시가 갑자기 벌떡 일어나더니, "아, 정말 싫단 말이야, 싫어! 뭐든지 빨라야 한다고. 느릿느릿 자전거도, 하이브리드 자동차도 참을 수 없어!" 하며 날개를 확 폈습니다.

동물들은 모두 할 말을 잃었습니다.

얼마의 시간이 흘렀을까요? 누군가가 이 적막함을 깨뜨려 주면 좋으련만….

그때, "왓시, 네 심정을 모르는 건 아니야. 하지만 그 아름다웠던 지구의 자연이 훼손된 이유를 잊은 거니?" 오랜 수행을 쌓아온 현자답게 토라지가 조용히 입을 열었습니다.

"그, 그거야 잘 알지만…." 왓시가 머리를 긁적거립니다.

"모두가 편한 것만 생각하고, 자기만 생각하는 이기심 때문에 지구가 병들어 가고 있잖아."

잠자코 있던 해리가 나서서 말했습니다.

"맞아, 맞아."

동물들이 약속이나 한 듯이 동시에 고개를 끄덕입니다.

"우리 인터넷으로 지구를 살릴 수 있는 방법을 더 모아 보는 건 어떨까?" 토라지의 말에 동물들이 또다시 놀랍니다.

"인터넷으로?"

여러분이 혹시 알고 있지 않나요? 지구의 환경을 지킬 수 있는 방법을…. 그렇다면 우리 동물 친구들에게 '사알짝' 가르쳐 주지 않을래요?

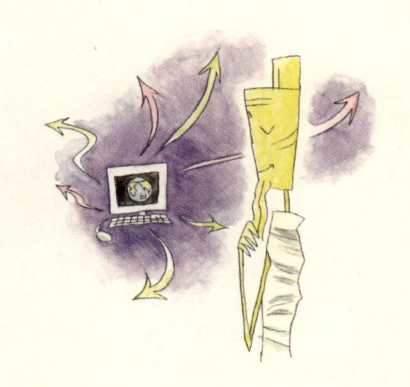

모두 무슨 말을 했지?

환경회의에 모인 동물들. 모든 참가자들이 어떤 이야기를 했을까요?

> 자동차의 배기가스에서 나오는 이산화탄소의 양이 많아져 지구의 온도가 조금씩 올라가고 있다는 것이죠. 또한 제가 조사한 바에 의하면 전 세계에서 1년 동안 약 90만 명이 교통사고로 죽었습니다.

> 이럴 순 없는 거야. 너희 선진국의 편리함 때문에 사막이 늘어나고, 바다에 잠기는 나라가 생기다니…. 어째서 너희가 저지른 일로 우리가 피해를 보아야 하는 거지, 응?

> 자동차는 현대사회에서 필요한 물건이야. 하지만 환경을 배려하는 노력들도 함께 해야겠지. 어떤 도시에서는 거리에서 자동차를 몰아내거나, 자동차를 공동 이용하는 등의 방법으로 자동차에 의존하지 않는 사회 시스템을 만들고 있어. 또 자전거 도로를 정비해서 통학, 통근에 자전거를 이용하는 사람들이 늘고 있다고. 모든 것은 습관이라고.

왓시! 아직도 모르겠어? 이대로 지구의 온도가 계속해서 오르면, 사막이 늘어난단 말이야. 그럼 식물이 말라 죽게 되고, 우리 모두도 굶어 죽게 된다고….

선진국들만 편리함을 독점하겠다는 것은 안 될 말씀이지. 모두들 공평하게 나눠 가져야지. 암!

자, 잠깐만! 너무 심한 거 아냐? 요즘 같은 세상에 자동차 없이 살라니, 말도 안 돼! 요즘에는 연료를 조금만 쓰고도 오래 달리는 작은 자동차가 많은 인기를 얻고 있다고…. 그러니까 환경을 생각한 자동차들이 많아지면, 배기가스의 양도 확 줄어들지 않겠어?

프라이부르크는 작은 도시잖아! 그런 곳에서 자동차를 몰아내는 것 정도는 간단하겠지. 하지만 미국처럼 커다란 나라에서는 불가능하다고! 그리고 나는 정말 싫단 말이야, 싫어! 뭐든지 빨라야 한다고. 느릿느릿 자전거도, 하이브리드 자동차도 참을 수 없어!

여러분들은 어느 동물의 말이 옳다고 생각되세요?

우리들은 환경 파수꾼
환경을 지키는 발명품을 만들자

왓시의 발명품, 포스트캔

포스트캔의 설명

• **특징**

포스트캔은 가지고 다닐 수 있어야 하기 때문에 적당한 크기가 좋아. 용량 180ml 정도에 손에 잡힐 수 있는 모양이면 좋을 거 같아.

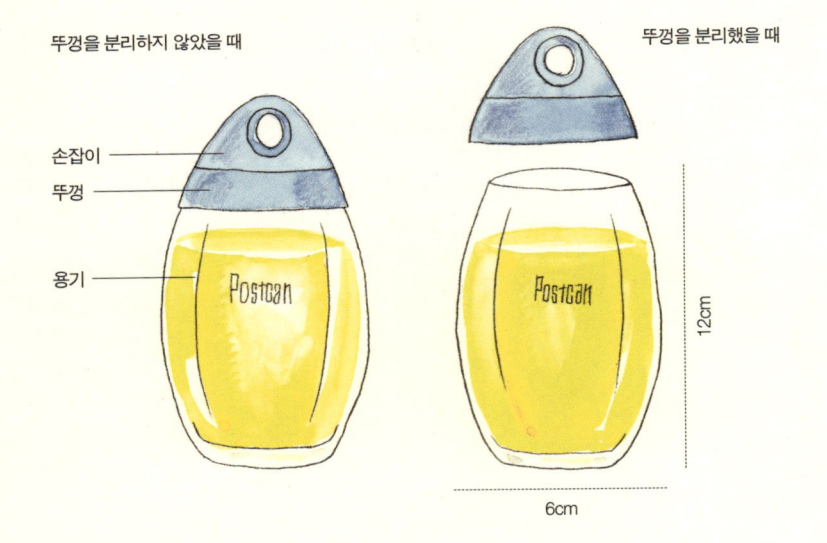

뚜껑을 분리하지 않았을 때　　　　　　　뚜껑을 분리했을 때

손잡이
뚜껑
용기

12cm

6cm

• **소재**

포스트캔의 소재로는 플라스틱과 유리 2종류가 있어. 플라스틱으로 된 포스트캔은 가지고 다니기 좋다는 것이 장점이고 유리로 된 포스트캔은 입에 닿는 느낌이 좋은 것이 장점이지. 아~ 플라스틱이냐? 유리냐? 이것이 문제로다!

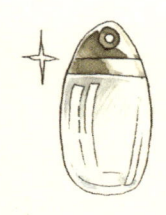

· 뚜껑의 구조

뚜껑을 닫고 돌리면, 뚜껑 안쪽에 있는 고무가 넓어지면서 입구를 막아 주지. 마구 흔들어 봐, 절대로 새지 않는다고! 신기하지?

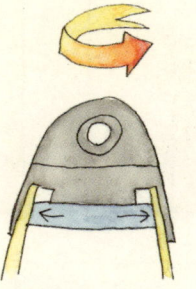

뚜껑을 닫았을 때    뚜껑을 열었을 때

· 왜, 병이나 캔은 안 되는 걸까?

알루미늄 캔은 뚜껑을 만들 수가 없고, 빈 병은 병 안쪽을 씻어낼 수가 없잖아. 다시 말해서, 여러 번 사용할 수 없다는 거지. 그래서 알루미늄 캔은 가게에 다시 가져다 줘도 돈으로 돌려 주지 않는 거라고….

결국 우리가 마시는 음료수에 알루미늄 캔과 병의 값이 포함되었던 거지.
역시, 포스트캔을 사용하는 게 좋겠지? 그만큼 돈도 절약할 수 있고, 환경을 생각한다면 당연하겠지.

119

역시, 땀 흘린 뒤에 마시는 캔 음료가 최고지!	짜잔~ 이름하여 포스트캔!
이런, 감히 겁 없이 캔 음료를 마시다니!	혹시 포스트캔 자판기를 본 적이 있는가?
쌓여 있는 알루미늄 캔들을 보라고! 낭비라고 생각되지 않아?	보통 자판기처럼 음료수가 나오는 건 같지만….
이제부터 알루미늄 캔 대신에 이걸 사용해. 그게 뭔데?	종이컵 대신에 포스트캔을 올려놓고 동전을 투입한 다음

여기 단추를 누르면 마시고 싶은 음료수가 나와.	그렇지만 아직 그런 자판기를 본 적이 없는걸.
그러면 종이컵을 만드는 데 필요한 자원을 줄일 수 있지.	이봐 이봐. 이 포스트캔은 자판기에만 쓰는 게 아니라고.
물론 종이컵만큼 음료수 값도 싸지고!	패스트푸드점에 가서 포스트캔을 주고…. 여기에 담아 주세요.
한마디로 포스트캔은 돈도 절약하고 환경도 지키는 최고의 발명품이지!	포스트캔을 가지고 오시면 음료수 값을 할인해 드려요. 와, 정말요?

포스트캔은 운전할 때도 좋고.	학교 식당에서도 물 컵 대신에 사용할 수 있고.
편의점에서도 사용해도 좋아.	녹차를 마실 때? 걱정 없지. 왜냐하면 포스트캔이 있으니까.
말하자면 포스트캔은 생활필수품이라고 할 수 있지.	엎질러도 상관없어. 뚜껑이 있으니까.
한번 사용해 보라니까! 음료수 맛이 더 좋을걸.	물론 집 안에서도 편리하지. 푸하하하!

하지만 포스트캔이 단순히 캔 음료나 종이컵을 대신하는 건 아니야.	만들어진 포스트캔을 모아도 좋을 거야.
크기도 딱 손에 맞는 거 같고, 멋있어 보여. 어딜 가면 살 수 있지?	왓시, 그럼 네 것도 직접 만든 거야? 푸하하하! 당연하지.
포스트캔은 사는 것이 아니라 자기가 직접 만드는 거야.	여자 친구에게 선물할 때는 반짝이를 붙이기도 하지. 크크크
세상에 하나밖에 없는 자기만의 포스트캔이 나오는 거지.	어때 모두 자기만의 포스트캔을 만들면? 재미있겠지! END

탓쿠의 발명품, 블록보틀

🟪 블록보틀의 설명

· **특징**

블록보틀은 서로 쌓을 수 있게 만들어졌어. 크기는 세 종류가 있는데, 서로 다른 크기의 병이라도 잘만 조합하면 멋진 작품이 나올 수 있다구.

병뚜껑
용기
소켓

24cm
12cm
12cm

중간 크기의 블록보틀
8cm
8cm
8cm

작은 크기의 블록보틀
6cm
6cm
6cm

• 여러 가지 종류의 병뚜껑

블록보틀의 뚜껑만 바꾸면 여러 가지 용도로 사용이 가능하지.

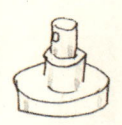

작은 구멍용　펌프용　분무기용　소스용　양념용

• 블록보틀을 쌓는 방법

여러 종류의 블록보틀을 쌓을 경우에는 병뚜껑을 결합용 병뚜껑으로 바꿔 낀 다음 조립하면, 움직이지 않아서 높이 쌓을 수 있어.

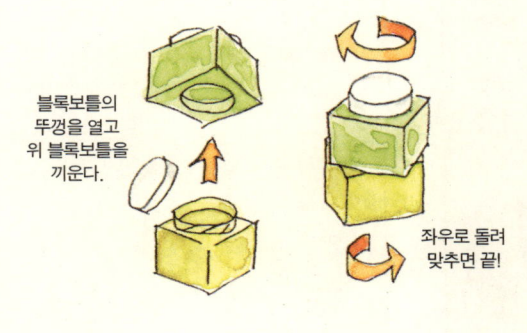

블록보틀의 뚜껑을 열고 위 블록보틀을 끼운다.

좌우로 돌려 맞추면 끝!

열심히 만들어 봐. 혹시 알아, 집도 만들 수 있게 될지? 블록보틀의 속이 비어 보온성이 우수한 집이 될지도 모르잖아.

작은 크기의 블록보틀은 4개, 중간 크기의 블록보틀은 3개를 쌓으면 큰 사이즈의 블록보틀과 높이가 같아진다고.

난 딸기잼이 참 좋아.	저는 블록보틀! 당신의 고민을 풀어 드리겠습니다. 맡겨만 주십시오.
그런데, 빈 병을 그냥 버리려니까 좀 아깝지 않아?	저의 특징은 머리도 엉덩이도 사각형이죠. 그래서 차곡차곡 쌓기가 편리합니다.
물론 여러 방법으로 사용하고 있지만…. 더 근사한 방법이 없을까?	간단한 부속물을 이용하면 옆으로 붙일 수도 있습니다.
물론 방법이 있습니다. 처음부터 먹고 난 다음을 생각해서 병을 만들면 됩니다. 허걱, 병이 말을 하네?	한번 써보시라니까요.

자, 그럼. 탓쿠 씨가 우릴 가지고 뭘 만들었는지 한 번 볼까요?	블록보틀로 집을 만들어 보고 싶어.
여러 가지를 만들어 봤어. 먼저, TV 선반!	집의 벽을 내 얼굴로 장식하는 거지. 와~ 멋져요.
책꽂이 테이블 침대 와~ 굉장한 걸요!	좋았어. 지금부터 마구 모으는 거야. 탓쿠 씨! 참아요.
그런데 더 많은 블록보틀이 있으면 좋겠어. 왜, 그렇지요?	여러분 블록보틀을 만드는 건 좋은데…. 탓쿠 씨처럼 무리하지는 마세요. 배탈 나요. END

動物かんきょう会議　韓国語版
Animal conference for Environment

日本国内発売　　2004年8月5日

作・演出　イアン
作　マリルゥ
絵　アンデュ

輸入元　　株式会社 ヌールエ
〒161-0033　東京都新宿区下落合3-12-32　目白セクエンツァA
TEL 03-3565-5581　FAX 03-3565-5582
http://nurue.com　e.mail info@nurue.com

韓国語版発行元　Daniel's Stone Publishing Co.
連絡先は2ページに掲載

発売元　株式会社 太郎次郎社
〒113-0033　東京都文京区本郷4-3-4　明治安田生命本郷ビル3F
TEL 03-3815-0605　FAX 03-3815-0698
http://www.tarojiro.co.jp/　e.mail tarojiro@tarojiro.co.jp

落丁本、乱丁本はお取り替えいたします。
本書の全部または一部を無断にて転載、複製することを禁じます。定価はカバーに表示してあります。
All rights reserved. Reproduction in whole or in part without written permission is strictly prohibited.
© 2004 nurue, Printed in Japan

Web版 動物会議　with i debut
Animal conference for Environment
http://i-debut.jp/animals

企画&アートディレクション　筒井一郎
i-debutプログラム　伊藤仁、友野浩明
デザイン&イラスト　安藤孝之
Webデザイン　武藤将也、今村佳代
開発・運営　ヌールエ

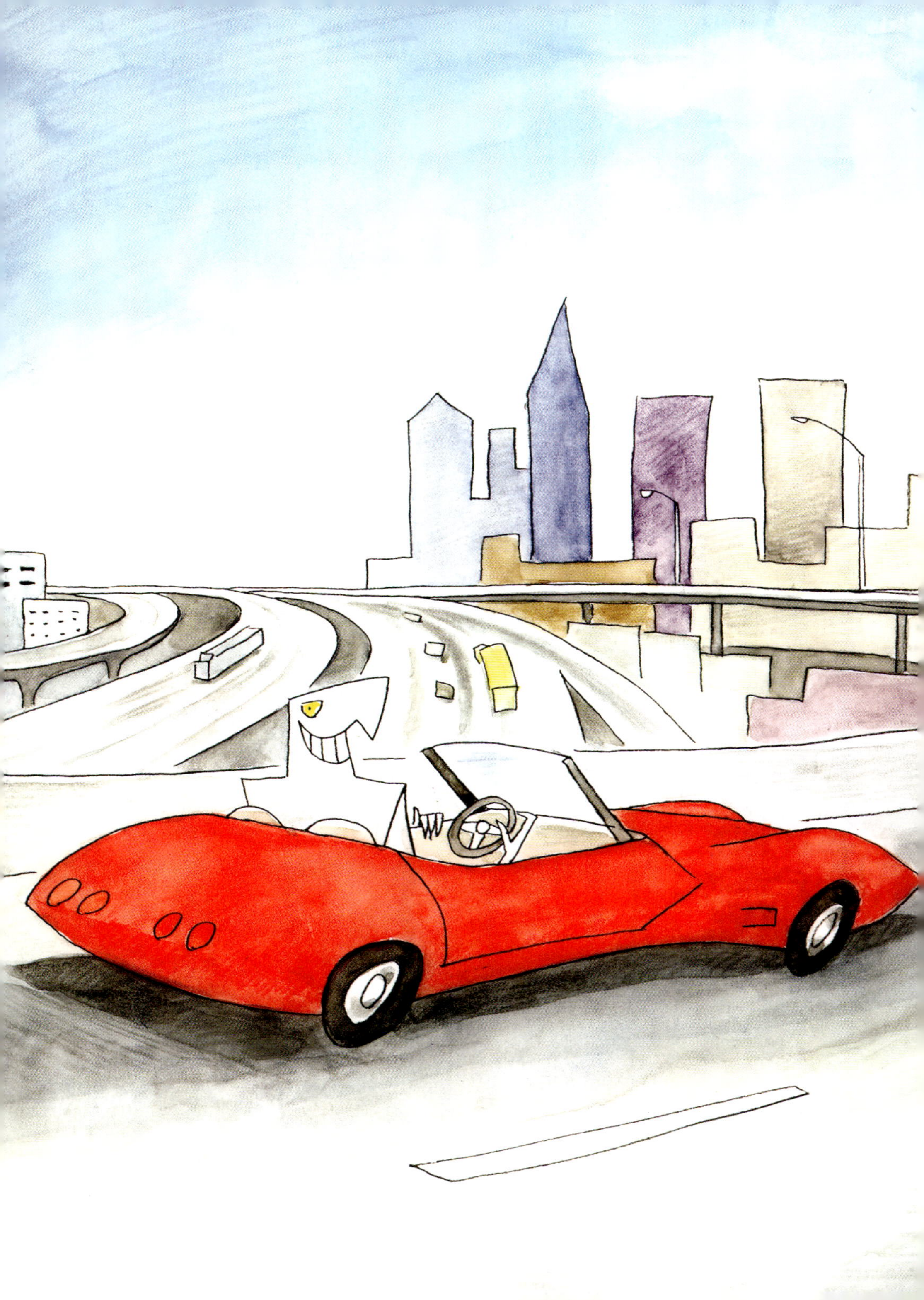

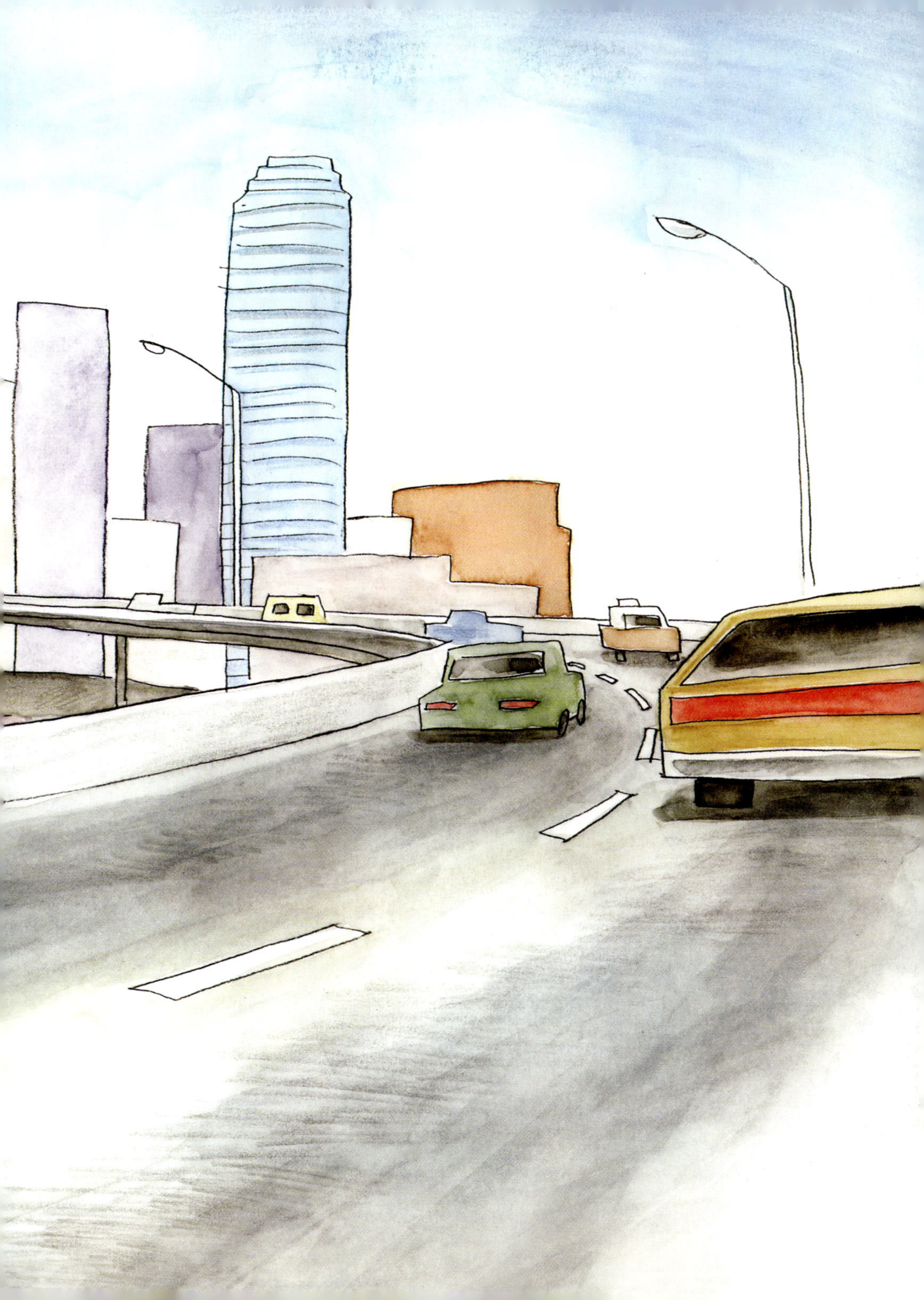